好吃好玩

豆家族

膳书坊　主编

中国农业出版社
农村读物出版社

图书在版编目（CIP）数据

好吃好玩豆家族 / 膳书坊主编. — 北京：农村读
物出版社，2013.6
（食尚生活. 农产品消费丛书）
ISBN 978-7-5048-5701-9

Ⅰ．①好 … Ⅱ．①膳 … Ⅲ．①豆类蔬菜－菜谱②
豆制食品－菜谱 Ⅳ．①TS972.123

中国版本图书馆CIP数据核字（2013）第141775号

总 策 划	刘博浩	
策划编辑	张丽四	
责任编辑	张丽四　吴丽婷	
设计制作	北京朗威图书设计	
出　　版	农村读物出版社（北京市朝阳区麦子店街18号　100125）	
发　　行	新华书店北京发行所	
印　　刷	北京三益印刷有限公司	
开　　本	880mm×1230mm　1/24	
印　　张	4	
字　　数	120千	
版　　次	2013年10月第1版 2013年10月北京第1次印刷	
定　　价	20.00元	

（凡本版图书出现印刷、装订错误，请向出版社发行部调换）

contents 目录

Part 1 豆家族里有谁　　　　　　　　5

Part1

豆家族里有谁

　　说起豆类，这可是个庞大的家族，兄弟姐妹众多，光我们常见的就有红豆、绿豆、黑豆、黄豆等，还有豇豆、芸豆、白饭豆等。豆类中含有极高的蛋白质，除了蛋白质之外，B族维生素和铁、钾、钙也都为人类提供了极好的营养。

豆家族

绿豆先生
亮个相

　　绿豆，也称为青小豆，因为其颜色青绿而得名。绿豆是一种常见的传统食物，在中国已经有2000多年的种植历史了。明代著名医学家李时珍曾经这样赞誉过绿豆："食中要物，菜中佳蔬，真济世之良方也。"绿豆中含有丰富的营养，常吃绿豆可以增强体质。此外，绿豆更为人所熟知的就是它的解暑功效了。炎炎夏日里，一碗绿豆汤沁人心脾，解暑开胃。

小小绿豆功效大

绿豆不仅是一种美味营养的食品，更是一种治病的良药。绿豆性味甘凉，有极佳的清热败火功效。夏季日头毒辣，出汗较多，人体水分流失大，这个时候，来上一碗清凉甘甜的绿豆汤，感觉五脏六腑每个毛孔都舒服极了。绿豆汤不仅能够解暑消渴，还能益气提神、补水利尿，还能及时补充人体流失的无机盐，能够维持体内的电解质平衡状态。

除了清热败火，绿豆还有解毒保健的功效。如果不慎农药中毒、酒精中毒甚至铅中毒等，都可以在进医院抢救之前赶紧喝一碗绿豆汤紧急解毒。另外，有些人经常在有毒环境下工作，也应该常吃绿豆食品增强抵抗力，有利于体内毒素的排出。

不仅如此，绿豆还有醒酒、益气、增强食欲的功效。我们在日常生活中用到绿豆的地方着实不少：

1. 绿豆50克，甘草10克，加水和少许红糖一起煮制。此汤有醒酒的功效。

2. 绿豆和南瓜一起食用，具有很好的益气功效，能够起到保健作用。

3. 常吃绿豆粥，能够增进食欲。

巧煮绿豆汤

烈日炎炎的溽暑，很多家庭都会备上一大锅绿豆汤，热了或者渴了就来上一碗。不过绿豆特别硬，很难煮透，至于要煮开花到出沙的地步，那就更难了。有的时候，煮的时间过长，绿豆还会失去原来的风味。不过煮绿豆汤也是有绝招的，用了下面这些绝招，你肯定能够煮出一锅清香解暑的绿豆汤。

1. 将绿豆洗净晾干，锅烧至三四成热，将绿豆倒入，小火煸炒10分钟。然后再加水熬煮即可。

2. 将绿豆洗净，倒入锅中，加开水浸泡20分钟，水没过绿豆一指。大火煮开后改中火，煮20分钟后再加热水，继续煮，直到绿豆酥烂为止。

3. 将绿豆洗净，用热水浸泡3～4小时。等到绿豆吸饱了水，变得膨大之后下锅，这样很容易就酥烂了。

4. 将绿豆洗净，用开水浸泡。等到冷却之后，将绿豆放入冰箱的冷冻层，4个小时后取出来。这个时候，绿豆就很容易被煮烂了。

5. 将绿豆洗净，用开水浸泡20分钟。捞起放入锅中，加入足够的凉水，大火猛煮40分钟，绿豆就被煮烂了。

小小绿豆功效高

莫看绿豆个头小，它的功效可多着呢。清热解毒、生津解暑、利水消肿等都是它的常见功效。夏天的时候，绿豆粥是必不可少的食物，绿豆粥既能饱腹，还能防暑消热。绿豆汤更是夏天必备之物，既能够调理小儿消化不良的问题，也能治疗小儿皮肤病和麻疹。要是小朋友在炎热的天气生了痱子，用绿豆和鲜荷叶煮水喝，痱子很快就会消下去。

绿豆是个宝，经常食用能够降低血脂、血压，对糖尿病和肾炎都有显著的疗效。如果面部生了痤疮，可以将绿豆研成粉末，用水调和成糊，每天晚上睡觉前涂在患处，过不了几天痤疮就会结痂痊愈。除了痤疮，绿豆粉还能治疗其他的疮疖和皮肤湿疹。

有一点要提醒大家，吃绿豆的时候千万别扔了绿豆衣，因为它也有清热解毒、消肿、明目等功效。

知识链接

夏季天气炎热、太阳毒辣，人体水分流失较多，多喝淡盐水或者绿豆汤能够及时平衡体内水分的供求。绿豆汤能够清热败火，但是也不要过量，尤其是体质寒凉、阳气不足的人士，一定要注意适量饮用。另外，绿豆汤具有解毒功效，所以千万不能与药物同服，会影响药效的发挥。

绿豆先生学问大

绿豆的营养成分非常丰富，其中钙、磷、铁以及多种维生素的含量都要远远高于普通谷类食物，而蛋白质的含量几乎是粳米的3倍。绿豆不仅具有极好的食用价值，还具有极高的药用价值，曾被称作是"济世之食谷"。近年来有研究结果表明，绿豆对疾病的康复有很好的辅助效果，另外对于改善个人体质也有不可估量的作用。

从营养学的角度来分析，绿豆的热量较低，每100克绿豆仅含33.5焦耳的热量，多吃也不易发胖。不仅如此，绿豆中还含有丰富的纤维素，能够促进肠胃蠕动，不仅能够排毒，还能起到通便的作用，帮助人们减肥塑身。

绿豆先生有"敌人"

绿豆真是宝啊，有那么多的功效，让人看了心花怒放。但是，绿豆也不是人见人爱、个个都适合吃的。绿豆因为性寒凉，还有不少"天敌"，如果同时食用，会给我们的身体带来损害。

1. 绿豆与番茄不相容，两者若同食，容易伤了元气。

2. 绿豆性寒，狗肉大热，两者不能同食，容易引起腹胀。

3. 绿豆性寒，身体虚弱、肠胃功能虚弱者最好少食或者禁食。

4. 虽然大部分人都爱喝煮得酥烂的绿豆，但实际上，绿豆煮得太烂，营养物质容易被破坏，清热败火、解毒的功效会降低。所以，如果想要清热解毒，最好将绿豆浸煮10～15分钟就关火服用。

5. 绿豆有解毒的功效，不能与药物同时服用。像温补的药品，诸如人参、鹿茸等也不可与之同食，会破坏其成分。

6. 煮绿豆汤不要用铁锅。因为绿豆中含有单宁，在高温条件下遇铁会生成黑色的单宁铁。单宁铁在人体内不容易消化，对人体有害。

豆家族

绿豆先生开偏方

　　绿豆虽然不是药物，但是它比许多药物更有效。它对一些常见疾病有极好的疗效，对人体也有很好的调理作用。我们还是静下心来看一看绿豆到底能给我们带来多大的功效吧。

绿豆汤防中暑

绿豆100克，金银花30克，水煎服。用于夏天预防中暑。

绿豆防痤疮、青春痘

1. 预防痤疮

海带15克，绿豆25克，甜杏仁5克，玫瑰花5克，红糖适量。将玫瑰花用布包好，与海带、绿豆、甜杏仁一同煮熟，将玫瑰花去掉，加红糖饮用。这款茶饮可以预防痤疮。

2. 预防青春痘

将绿豆25克，薏苡仁30克，山楂10克，洗净，加水500克，泡30分钟后煮开，煮至绿豆、薏苡仁熟即可，饮用汤。适用于油性皮肤，具有预防粉刺和青春豆的作用。

绿豆白菜汤可治腮腺炎

绿豆50克，白菜心2个，先将绿豆煮熟，加入白菜心后，再煮15分钟即可，饮用汤。对治腮腺炎初起时有一定的效果。

绿豆控油保湿面膜

绿豆粉3汤匙，白芷粉2汤匙，蜂蜜1汤匙。将绿豆粉与白芷粉混合在一起，再混入蜂蜜调匀。敷于面上约15分钟后清水洗净便可。每周可做2次。这款面膜有消炎、清洁的作用，比较适合油脂多的美眉。

理疗痈疽

绿豆50克，赤小豆30克，姜黄10克，研磨成粉末。痈疽还未溃烂时，用姜汁将药粉调成糊状，敷于患处；若痈疽已溃烂，则改用蜂蜜水将药粉调成糊状，敷于患处。每日一次，直至痊愈。

治疗漆疮

绿豆60克，用开水浸泡12小时，取出泡发的绿豆，捣烂成糊，敷于患处。每日两次，能够解毒止痒。

除此之外，绿豆也能用于皮肤美容。用绿豆、百合煮汤，经常饮用，能够滋润皮肤，淡化色斑。

黄豆先生亮个相

黄豆学名大豆，中国是黄豆的故乡，早在4000多年前就开始种植黄豆了。

豆中之王——黄豆

黄豆素来有"豆中之王"的称号，因为其丰富的营养价值，还被人称为"植物肉""绿色的乳牛"。黄豆是豆类中营养价值最高的一种，干黄豆中蛋白质的含量高达40%，在所有粮食中居于首位。黄豆中所含的蛋白质是同样分量的肉、蛋、奶中所含蛋白质的十多倍。黄豆的脂肪含量也位居所有豆类之首，出油率高达20%以上。另外，黄豆中还含有丰富的矿物质元素，如钙、磷、铁等。

小小黄豆营养高

黄豆中含有丰富的矿物质元素，如钙、磷、铁等。黄豆中铁的含量较高，每500克黄豆中含有60毫克的铁，较容易被人体吸收利用。多吃黄豆能够改善贫血症状。而黄豆中磷的含量更高，每500克约含有3,000毫克的磷，是极佳的补脑食品。

因为黄豆丰富的营养价值，国人已经用黄豆开发出多种食品，这些食品营养价值丰富，品种多样，味道可口，是居家旅行的必备食品。

小小黄豆疗效大

常言道，"药补不如食补"，"是药三分毒"。在日常生活中注意饮食，营养均衡，这可比拼命吃药和各种保健品要好得多。说到食补，那就不能不提到黄豆了。别看它个头小，对身体可是大有裨益呢。专家

豆家族

学者们根据临床经验和实验得出结论，经常食用黄豆能够延年益寿，益气补肾，健脾开胃，光洁皮肤，对体弱气虚者有极大的帮助。

黄豆不仅是极佳的益气补肾的食品，也能够有效预防各种疾病的发生。经科学研究表明，黄豆中富含亚油酸物质，能够降低血液中胆固醇的含量，不仅能够预防心脏病，还能减少动脉硬化的发生。

尤为神奇的是，黄豆中含有一种称为抑胰酶的物质，对糖尿病有一定治疗功效。对于糖尿病患者来说，黄豆可是理想的食材，要常吃，多吃。另外，黄豆中富含卵磷脂，能够改善大脑功能。所谓"喝豆浆，变聪明"就是这个缘故。

知识链接

生黄豆中含有抗胰蛋白酶因子，能够影响人的消化。所以黄豆及豆制品一定要熟食，经过高温破坏豆类中的有害成分，又可提高人体对黄豆中其他营养成分的吸收利用。另外，黄豆发芽后能够产生丰富的维生素C。

谷、豆搭配更营养

　　黄豆虽然营养丰富，但是也不能总吃这一种食品，也要注意与其他食材搭配。黄豆与谷类搭配食用，营养价值同吃肉类蛋白质相差无几。在吃黄豆食品的时候，一定要注意多与富含蛋氨酸的食品搭配，这样才能提高黄豆蛋白质的利用率。

神医话黄豆

　　黄豆同青豆和豌豆的营养成分非常相似，其医疗和美容价值也极为相近，可以替代食用。中医认为，黄豆能够补水美白、润泽肌肤，是美容上品。李时珍在《本草纲目》中对黄豆做出过如下描述，"容颜红白，永不憔悴"，"作澡豆，令人面光泽"；《本草拾遗》中也说黄豆粉"久服好颜色，变白不老"；《名医别录》中提到黄豆芽能够"去黑，润肌肤皮毛"；《神农本草经》中也对黄豆有如下记载："生大豆，味甘平。除痈肿，可止痛"。这小小的一粒黄豆，可跟太上老君炼丹炉里的仙丹相媲美了。

> ### 知识链接
>
> 　　黄豆的美容功效一早便为人知，黄豆粉早在唐朝便是美容药方中的常见药材。不论达官贵人还是平头百姓，都爱用黄豆粉制作清洗手面的护肤品和其他化妆品。唐代著名医师孙思邈在《千金翼方》中对黄豆也做了如下描述："面脂手膏，衣香澡豆，士人贵胜，皆是所要。"

黄豆先生有历史

黄豆传播有历史

有书籍记载，我国种植黄豆已有4000多年的历史，早在商周至秦汉时期，黄河流域就大面积种植黄豆了。《诗经》《墨子》里都有对黄豆种植的相关记载。《战国策》中曾提到："民之所食，大抵豆饭霍羹。"也就是说，那个时候，豆叶做菜羹，豆粒做豆饭就已经是普通老百姓的日常食物了。

到汉武帝时期，中原一带连年饥荒，大批农民逃荒到东北部地区，黄豆于是也跟着传到了东北。因为东北地区土质肥沃，日照时间长，夏秋季节雨水充足，昼夜温差大，非常适宜黄豆的生长。于是东北就成了黄豆的安乐居。到公元前1世纪左右，黄豆的种植面积已经远远超过了其他农作物，成为当时人们重要的食物来源。

长沙马王堆汉墓的出土文物中就有关于黄豆的记载，这也说明在2000多年前，黄豆的种植面积就已经扩展到了南方。《宋史·食货志》记载，宋朝时，江南一带曾经遭遇饥荒，淮北等地于是大量种植黄豆，以黄豆作为灾民的主要口粮。

黄豆传播到国外

中国与境外其实很早就有了交通联系，早在秦汉之前，中国和朝鲜便在经济文化上有了频繁交往互动。在这种交往过程中，黄豆也由中土传入朝鲜。

到西汉时期，汉朝与日本友好往来，经济和文化上进行交流沟通，黄豆也因此传入日本，在日本生根发芽。

古代文献说黄豆

黄豆是一种常见的植物，很早就是人们的主要食物之一。我国许多古代文献中也有关于黄豆的各种记载。

《诗经》中的黄豆

《诗经》是中国最早的一部诗歌总集，里面收录自西周到春秋时期300多首诗歌。《诗经》中曾多次提到"菽"，"菽"就是黄豆。而《诗经》是3000多年前的诗集，那说明黄豆的栽种历史远不止3000多年了。《诗经》中的一首《夏小正》中有这样的记载："五月参见初昏大火中，大火者心也，心中种黍菽时也。"

《史记》中的黄豆

司马迁在《史记·五帝本纪》中有这样的记载："炎帝欲侵陵诸侯，诸侯咸归轩辕。轩辕乃修德振兵，治五气，鞠五种，抚万民，庆四方。"其中五种，便是黍稷菽麦稻。由此可见黄豆对当时的政治经济状况有多么重要的影响。在《史记·卷二十七》中司马迁也有这样的记述："铺至下铺，为菽"。可以这样说，小小一粒黄豆，对古代的文明与文化，有着极大贡献。

清代文献中的黄豆

清代严可均校辑的《全上古三代秦汉三国六朝文》卷中有这样的记述："黄豆生于槐。出于沮石之峪中。九十日华。六十日熟。凡一百五十日成，忌于卯。"我们也能由此看出，黄豆是人们日常生活中极其常见的东西。

红豆先生亮个相

红豆味甘，性平偏寒凉，蛋白质和维生素含量很高，在豆类中也是营养丰富的一种。红豆能够健胃生津、祛湿益气。血压偏低、畏寒怕冷的人应多吃红豆。

红豆因为色泽鲜红光亮、形体圆润小巧，被人们看成吉祥的神物，还给它取名为"相思子"。恋人们在确定关系的时候，会赠送对方一串许过愿的红豆，预示着爱情顺利甜蜜；结婚的时候，会佩戴红豆手链或者项链，期望婚姻美满幸福；结婚后，在夫妻枕头底下各放上6粒许过愿的红豆，预示着夫妻二人恩爱甜蜜、幸福美满、平平顺顺。

爱情的象征

在我国，红豆有个独特的名字，称为"相思子"，以红豆来寓相思，是我国独特的文化，传承数千年。早在唐代，大诗人王维就根据当时的社会风俗写出了流传千古的《相思》："红豆生南国，春来发几枝，愿君多采撷，此物最相思。"从这首诗中我们能够看到当时的爱情风俗，青年男女在确定终身大事的时候，都会用红豆饰品作为定情信物。

红豆寄相思

红豆的相思之意，不仅用在男女的情爱方面，更寓意着深厚的友情、深沉的亲情，还有患难与共的珍惜与留恋。

红豆在我国被赋予了极深厚的文化内涵，成为了相思的象征。相思红豆其实是我们现实生活中极为常见的一种东西，它颗粒圆润饱满、个头较大，直径8~9毫米，非常坚硬，色泽鲜红诱人，晶莹剔透，永不褪色，形状像跳动的心脏，表皮的那些纹路也呈现心字形。

红豆最懂女人心

红豆不仅外形诱人，也是女性朋友的闺中密友。红豆中富含铁质，能够补充气血，使得女人面色红润、神采飞扬。常吃红豆，能够补铁补血、促进体内的血液循环，还能强化体质，增强抵抗力。哺乳期的女性应该多吃红豆，这样能够补充气血，促进乳汁分泌。

大洋红豆

大洋红豆和我们常见的相思红豆很不一样，有黑白两种颜色，个头跟红枣一般大，味道香甜。这种红豆的藤条很长，种植起来非常麻烦，必须像黄瓜、豆豆一样搭架子，坚固植株，牵藤引蔓。这种红豆多产于我国南方的贵州一带，不过目前越来越稀少，已经处于濒临灭绝的边缘。

红豆先生兄弟多

红豆是植物学上的一个大家族，有许多兄弟姐妹。

赤豆

赤豆，也被称为"赤小豆""红豆""红小豆""小豆"等，是一年生草本植物。赤豆与相思红豆不一样，它的种子是椭圆形或者长椭圆形，暗红色，古时候被称为"小菽""赤菽"。开花多为黄色或者淡灰色，荚果没有绒毛。赤豆中的淀粉含量比较高，蛋白质和B族维生素含量也很丰富，是一种极好的药用食材。赤豆的原产地是亚洲，在中国的种植面积极为广泛。

台湾相思树

台湾相思树也是豆科植物，是一种高大的常绿乔木，成年的树一般都能长到15米高，每年的4～10月是它的花期。花为金黄色，头状花絮，荚果是扁平的，种子深褐色，光滑油亮。台湾相思树喜欢酸性土壤，一般长在平原和丘陵地带，在中国台湾、福建中部和广东、海南等地很常见。台湾相思树的树干高大粗壮、木材结实、质地细密，是上等的建筑材料。也有很多城市将它种植在人行道上供人观赏，给行人遮阴。

红豆树

红豆树是一种常绿乔木，每年春天开花，花冠为对称蝶状，花朵多为白色和淡红色，花序呈圆锥形。种子鲜艳的红色，泛着诱人的光泽。这种红豆树在中国的中部和华东地区比较常见，多用于观赏。红豆树的木材非常结实厚重，有美丽的花纹，是极好的雕刻和细木工材料。红豆树的种类约有120种，主产区是热带美洲和热带亚洲，西非洲的品种较少。而中国约有35个品种。

海红豆

海红豆是一种落叶乔木，花朵小巧，多为白色或者淡黄色，有花序。荚果成熟时会自然弯曲，种子鲜红色，向外凸出。海红豆木质非常坚硬，纹理略粗，不易被水浸湿。海红豆也被称为"相思树""孔雀豆"，其木材常被用来雕刻成精美的装饰物，作为家具和建筑材料，也常被用来造船。海红豆的主要产区是印度尼西亚，中国海南、广东、广西和云南等地均有种植，喜马拉雅山东部地区也有生长。

藤本相思子

藤本相思子又名鸡母珠，也是一种豆科植物，枝条细长，花期从春天直到夏天，花冠对称，状似蝴蝶，花朵多为淡红色或紫色，总状花絮。荚果多为椭圆形，种子顶部为红色，颜色逐渐转深，到底部就变成了黑色。藤本相思子多分布在亚洲热带地区，中国南方也有，其种子有毒性，是一种中药材。

红豆杉

红豆杉，又名紫杉、赤柏松，属红豆杉科。红豆杉是常绿乔木，但到了每年秋天，枝条会变颜色，变成黄色、绿色或淡红褐色。种子为红色，卵形，两边各有一道浅浅的棱，种子内部也为红色，种子可用来榨油。红豆杉是中国独特的品种，在甘肃、陕西、湖北以及四川、云南等地广泛分布。红豆杉的木质非常坚固，是建筑、舟车、家具和各种器具的上等材料。

黑豆先生亮个相

　　黑豆，又名乌豆、黑大豆，属蝶形花科。种子为椭圆形或者类球形，外形略扁圆，长6～12毫米，直径5～9毫米。种子的表皮多为黑色，也有灰黑色，平滑光洁，富有弹性，有的也略有褶皱，种脐为淡黄色或白色。种子质地坚硬，种皮比较薄而且脆，多为黄绿色或者淡黄色。种子有淡淡的豆腥味，富含蛋白质，但是热量极低，是一种极健康的食物。

小小黑豆营养高

黑豆中含有极高的氨基酸成分，尤其是人体必需的8种氨基酸，此外，黑豆中还含有19种油酸，不饱和脂肪酸的含量高达80%，吸收率甚至高达95%以上，不仅能够满足人体必需的脂肪需求，也能够降低血液黏稠度。黑豆中的蛋白质含量也很高，为36%~40%，是肉类中蛋白质含量的2倍，是鸡蛋的3倍，牛奶的12倍。黑豆中的粗纤维含量约为4%，多吃黑豆能够保证胃肠功能的良好状态，帮助肠道蠕动，防止发生便秘。此外，黑豆中还富含花青素，这是一种极好的抗氧化剂，能够清除体内自由基，美容养颜。

知识链接

虽然黑豆对人体健康好处多多，但是也要注意适量食用，另外，黑豆不能生食。对于肠胃不好的人来说，如果黑豆没有蒸透或者煮透，吃后容易出现胃胀气、消化不良等症状，但是黑豆加热时间过长，营养成分会流失掉一部分。所以黑豆最好的做法是做豆浆，这样既能补充体内必需的各种微量元素，也不容易使肠胃功能紊乱。

豆家族

小小黑豆药用大

　　黑豆虽然被种植了数千年，但是很长一段时期内，它都是被用来当成牲畜的饲料。因为人们在长期劳作中发现，牲畜食用黑豆后，筋骨变得强健，扛得住疲劳，患病概率较小。而当时一般人吃的都是白色食品，像黑豆这种东西，只有饿肚子的人才会拿它果腹。

　　后来的医家逐渐发现黑豆对肾脏有极显著的功效，按照中医的理论，黑色属水，走肾，具有祛风除热、利尿散寒的功效，多吃黑豆，对尿频、腰酸等症状能够起到缓解作用。女性白带异常、下腹阴冷潮湿等症状，也能通过吃黑豆来得到改善。黑豆不含有胆固醇，只有植物固醇。植物固醇不会被人体吸收利用，同时还能有效抑制人体吸收胆固醇、降低胆固醇在血液中的含量。所以，多吃黑豆能够有效促进血管的软化，润泽肌肤，延缓衰老，对高血压、心脏病等患者有明显疗效。

知识链接

　　很多人常担心买不到正宗的黑豆，因为黑豆价格较高，会有不法商贩用黑芸豆冒充黑豆，或者用其他豆子染色混充黑豆。买到黑豆后，用水清洗、浸泡几分钟，水的颜色会变深，这是正常现象，无需紧张。如果清洗浸泡的时候，出来一盆黑水，那多半就是买到染色的假黑豆了。黑豆和黑芸豆也比较好分辨，黑豆的内仁黄色或者浅绿色，而芸豆的内仁是白色的。

黑豆最知女人心

黑豆不仅营养丰富，也是美容养颜的绝佳食品。

黑豆中富含维生素E。维生素E是一种抗氧化剂，是我们保持青春健美的重要物质之一。常吃黑豆能够有效对抗岁月的摧残，清除体内氧自由基，抚平脸上的皱纹，也能一定程度上祛除皮肤色素沉着。此外，黑豆中锌、铜、镁、钼、硒、氟之类的微量元素含量很高，这些微量元素对延缓人体衰老、降低血压黏稠度都有极好的效果。譬如，亚硝胺是一种强致癌物质，而钼可抑制其在体内的合成。另外，黑豆中富含异黄酮，这是一种植物性雌激素，能够有效抑制乳腺癌、前列腺癌和结肠癌，也能够一定程度上起到预防和延缓中老年骨质疏松症的作用。黑豆的表皮富含丰富的花青素，能够抗氧化、滋阴补肾。

豆家族

豆芽先生
亮个相

豆芽是豆子发的芽，是中国的一种传统菜肴，因为样子像一把如意，所以也被称为如意菜，比较常见的豆芽有黄豆芽、绿豆芽和黑豆芽。

豆芽之王——黑豆芽

黑豆素有"豆中药王"之美誉，而用黑豆发的黑豆芽，也具有补肾益气、消肿利尿、滋阴壮阳等功效。经现代临床实践证明，黑豆芽还具有降低血脂浓度和软化血管的功效。

小提示

说起亚硝酸盐来，人们都会不由自主地想到癌症，可是我们平时吃了那么多腌制食物，摄入了亚硝酸盐，又该怎么做呢？不要紧，吃豆芽吧。豆芽中的叶绿素能够帮助分解人体内的亚硝酸盐物质，能够起到预防直肠癌变的作用，也可减少消化道恶性肿瘤的风险。

豆芽先生爱美容

一个人如果睡眠质量不好，或者是缺觉，就容易感到疲劳，皮肤会发蔫发皱、肤色暗沉。这样的时候，得多吃豆芽，因为豆芽中含有大量的天门冬氨酸，这种物质能够减少人体内堆积的乳酸，消除疲劳感。同时，豆芽中含有极易被人体吸收的各种微量元素以及生物活性水，能够预防雀斑和色素沉着，使得皮肤保持晶莹剔透。另外，豆芽还具有保护肝脏的作用，多吃多健康。

小小豆芽作用大

豆芽是普通老百姓餐桌上极为常见的菜肴。因为豆芽营养丰富、爽脆鲜嫩、风味独特，所以深受人们喜爱。

豆芽是豆子发出的嫩芽，含有极高的活化成分，所以也被称为"活体蔬菜"。豆类本身就具有极高的营养价值，只是烹制不当的话，营养成分不易被吸收，而豆芽的营养吸收率就大幅提高了。譬如，豆子基本上不含有维生素C，而豆芽中维生素C的含量却很高。豆芽是一种极好的养颜佳品，常吃豆芽能够使皮肤保持弹性。

不过，豆芽虽然富含维生素，但是其含量却不太稳定。就拿绿豆芽来说吧，每500克中维生素C的含量能够飙升到100毫克以上，但是低的时候却只有30毫克。如何判断豆芽中的营养价值高低呢？

有一个最简单的办法，那就是看长短。绿豆芽最佳食用长度是1厘米，这个时候所含的营养成分最高，每500克绿豆芽维生素C可以高达180毫克。超过了1厘米，豆芽越长，维生素C的含量也就越低。豆芽长到3厘米以上之后，每500克中只含有30~40毫克的维生素C。除了长短之外，也要看豆芽的鼓胀程度。豆芽不是越大越好，那些外形尤其肥大的，多半是在发芽过程中添加了激素和化肥的。其实，发豆芽不是一件麻烦事，如果觉得市面上买到的豆芽都不太放心的话，那就自己动手吧。

    国内有调查研究表明，前10种健康食物排行榜上，高居榜首的是黄豆和黄豆芽，居第六位的是绿豆和绿豆。韩国也有调查研究表明，大部分爱吃豆芽的长寿老人没有高血压、心脏病、动脉硬化等疾病。专家分析，豆芽中含有大量对抗酸性物质的成分，这种成分能够起到很好的抗衰老功能，也能充分有效地将体内的毒素排出去。

豆家族

小小豆芽营养大

豆芽的营养价值极高，这一点是人所共知的。

1. 豆芽里水分和纤维素含量特别高，但是热量极低。所以很多减肥菜谱中都少不了豆芽的身影，豆芽能够有效减肥塑身。尤其是绿豆芽，所含的热量极低，但是纤维素、维生素和矿物质含量都极高，能够达到美容排毒、润肠通便、消脂减肥、抗氧化的作用。

2. 豆芽中维生素C的含量极高，对坏血病和败血症有一定疗效。

3. 绿豆芽中含有大量核黄素，口腔溃疡患者应该多吃。

4. 豆芽中含有大量的天门冬氨酸，能够有效清除血管壁中胆固醇与脂肪的堆积，能够预防心血管病变。

5. 豆芽含有丰富的膳食纤维，能够预防便秘，也可以预防消化道癌变。

豆芽先生有提醒

  豆芽的营养价值丰富，风味独特，是家常食材，不过挑选和烹调豆芽也得注意了。别买到不好的豆芽，更别把豆芽的营养成分都破坏掉。下面我们就来看看该如何挑选和烹制豆芽吧。

  1. 正常的绿豆芽略微有点发黄，芽茎不太粗，水分适量，没有异味。而那些颜色发白，豆粒泛蓝，芽茎很粗，水分极多，有浓烈化肥味道或者其他味道的，都不是正常的豆芽。绿豆芽的长度在1厘米左右最好。

  2. 黄豆芽变绿是一种正常现象，是豆芽见光进行光合作用的一种反应，这种变绿的黄豆芽不含有害物质，不会对人体造成伤害。反倒是那些长久露于阳光下依然"面不改色"的黄豆芽有问题，可能是喷洒了抗氧化剂或者其他物质，最好不要食用。

  3. 买回来的黄豆芽即便是放在冰箱的冷藏室里，也有可能因为冷藏室的灯光而变成绿色。如果不喜欢吃变绿的黄豆芽，可以将黄豆芽放在黑色的塑料袋里，遮光保存。

  4. 绿豆芽性偏寒凉，肠胃较弱的人吃时应该配一些姜丝，中和其寒性。另外，绿豆芽最好在夏季食用。

  5. 豆芽清爽甘甜、味淡，所以烹调时最好少油少盐，保持其原有的口感。豆芽下锅后要急火快炒，可适当加点醋，这样能够保护豆芽中的水分、维生素B_2和维生素C，口感也比较好。

  自己发豆芽，一定要注意时间，夏天1天左右就可以了，冬天3天左右。

豆腐先生亮个相

豆腐是以黄豆、绿豆、白豆、豌豆等为原料，经过一系列复杂的工序加工而成的。

豆腐本是中国独特的产品，现在也因为其丰富的营养价值而受到西方人的推崇。最常见的豆腐是以黄豆为原料制成的，还有以绿豆、白豆和豌豆等为原料制成的豆腐。

小小豆腐营养大

此外，无论炒何种豆腐，最好不用锅铲翻炒，而要用锅铲的反面轻轻推送，这样既能让豆腐与菜蔬均匀融合，又能防止锅铲铲碎豆腐。

豆腐的营养价值极为丰富，含有人体所需的多种微量元素，还富含糖类和优质蛋白，所以有"植物肉"的美誉。豆腐里95%的营养成分都能够被人体消化吸收。只需要两小块豆腐，一整天钙质的需求量就能得到满足了。

小小豆腐药性大

现代医学证明，豆腐的营养丰富，能够增加营养、促进食欲、帮助消化，还能够补充人体所需钙质，促进牙齿和骨骼的生长，补充人体血液中铁的含量。另外，豆腐不含胆固醇，高血压、高血脂和高胆固醇患者可以放心大胆地食用。豆腐对动脉硬化和冠心病都有显著的调理改善作用。豆腐可以做成多种食品，营养美味，老少咸宜。

因为制作过程中加了石膏，所以豆腐性偏凉。豆腐具有补中益气、生津润燥、清热解毒的功效，经常食用，能够使人口舌生津、化掉痰液，祛除体内湿气、消水肿、清洁肠胃，对热性体质的人尤其适合。

另外，豆腐含有丰富的植物雌激素，能够预防老年骨质疏松症。豆腐中含有甾固醇和豆甾醇，这两种都是癌细胞的天然克星，所以多吃豆腐还能够有效抑制乳腺癌、前列腺癌的发生。

小提示

豆腐不碎有窍门

1. 做豆腐的时候，要先将豆腐放入盐水里焯一下，这样处理过的豆腐就不容易碎烂了。尤其是南豆腐，质地细嫩柔滑，水分含量极大，必须先过盐水，否则易变成一团糊状。

2. 可以将豆腐放入锅中蒸20分钟，待其冷却，质地变硬，这时候再来烹制，豆腐就不容易碎了。

3. 豆腐的质地太嫩，如果用锅铲翻炒，稍不注意就碎了，所以做豆腐一定要用锅铲的反面，轻轻地推送，这样豆腐才不容易碎烂。

豆腐先生
有历史

豆腐在中国有源远流长的历史，已经成为了中国文化的一部分。据称，豆腐是公元前164年，由汉高祖刘邦之孙淮南王刘安所发明。相传，当年刘安在安徽寿县的八公山上烧丹炼汞的时候，无意间用石膏点豆汁发明了豆腐。

1960年，河南打虎亭汉墓壁画被公之于众，这个发现再一次引起了有关豆腐发明权的争议。有专家认为，打虎亭汉墓壁画所描绘的不是酿酒的过程，而是制作豆腐的过程。不过，专家也认为，汉代所发明的豆腐同现在还有一定差距，是把豆浆做熟了再加热，稳定性和口感与现代豆腐相去甚远，还未能成为大众食物。

直到宋代，豆腐才变成人们生活中极重要的食品。南宋诗人陆游就有文章记录苏东坡对豆腐十分钟爱的事情。

日本豆腐

豆腐在日本也是非常受推崇的食物，日本传统观点认为，日本的豆腐是鉴真东渡时候传入的。日本人都将鉴真当作豆腐的祖师爷，不过，这个观点并没有得到有力的论证。只有1183年日本朝廷管员神主中臣佑重的日记中记载中出现了"唐腐"这个词，大概半个世纪之后，有一封日本日连上人的书信中出现"suridofu"一词，也许这就是一种豆腐。14世纪，日本文献中多次出现了"唐腐""唐布"之类的词语。而"豆腐"这个词，直到1489年才在日本出现。到天明二年（1782年），大阪的曾谷川本出版了一部名为《豆腐百珍》的食谱，其中介绍了100多种豆腐的烹制方法。

豆腐先生走世界

豆腐传入朝鲜是在宋朝时候的事情。19世纪初，中国开禁，与世界的交流沟通加强，豆腐在这个时候才逐渐传入欧洲、非洲和北美洲。那个时候，豆腐还不被人们所熟知。不过随着后来素食主义和健康食物的理念传播，到19世纪末期，豆腐逐渐成为西方人广为接受的食物。到现在，在西方的亚洲产品市场、农产品市场、健康食品店和大型超级市场，销量最大的豆制品之一就是豆腐了。而在我国，豆腐的品种越来越多，口味也越来越多样化。

Part2

豆家族里的美食

豆子，憨态可掬、圆圆溜溜的样子，真是人见人爱，将其做成美食，就更加可人了。各种豆子，不管是入粥、入饭、入汤、入饮品，那都是令人惊艳的美味，也都是刺激饕民们味蕾的最爱。

绿豆沙

特点 清凉解暑，香甜可口。

适合人群 一般人群均可食用，体寒气虚者不能多食。

材料： 绿豆1碗、适量清水、白糖（蜂蜜）。

制作：

1. 绿豆用清水冲洗干净，加入适量清水先浸泡1~2小时。

2. 锅中加入水，大火煮开。绿豆和水的比例为1：10（按体积比）。

3. 将泡好的绿豆放进去。

4. 大火煮开，改为小火慢慢煮至豆皮浮上来。

5. 用漏勺将豆皮捞出。

6. 豆皮捞完后，将锅里的绿豆碾压碎，越碎越好，最后碾成泥状。

7. 碾压的过程中，时不时也要用勺子搅拌锅里的绿豆和水。

8. 等到绿豆变为细腻的绿豆沙就好了。

9. 最后依据个人喜好加入白糖、蜂蜜调味即可。

烹饪高手支招

1. 煮绿豆的水，一定要一次性就加足，后面不可中途加水。

2. 绿豆用水预先浸泡和开水煮绿豆，这两个细节都是可以节约时间的重要环节。

3. 在煮制绿豆的过程中，一定要开锅煮，这样绿豆出沙会更快。

4. 捞出豆皮才不会影响绿豆沙细细沙沙的口感。

5. 在搅拌的过程中，切忌别加水，否则绿豆沙就会出现水沙分离的状态，影响口感。

6. 做好的绿豆沙如果放入冰箱冷藏后，口味更佳。

健康心语

绿豆沙是解暑饮品，在夏天，经常饮用，起到解暑、清热的作用。

豆家族

百合 绿豆粥

特点 香甜可口，可以清热解暑。

适合人群 一般人群均可食用。

材料： 绿豆50克、大米200克、百合25克。

制作：

1. 绿豆洗净，大米淘洗干净。

2. 百合沿对称线轻轻剥开，并用清水洗净。

3. 锅中放入水，将绿豆和大米一起放入锅里熬煮。

4. 大火煮开，再转用小火煮。

5. 待绿豆和大米煮烂，再放入百合，继续煮5分钟。

烹饪高手支招

1. 百合容易熟，所以不能跟绿豆和大米一起煮，最后才能放。这样煮出来的口感更加美味。

2. 这道粥，如果喜好甜食的，也可以加糖。不喜欢甜食的，可以就着咸菜吃，口味也很棒。

健康心语

　　绿豆性寒，气虚体弱者不宜多食或久食，但与百合同食，就能化解绿豆的寒凉。百合与绿豆二者互补，相得益彰。

豆家族

绿豆 竹叶粥

特点 清暑解表，化痰去咳。

适合人群 体寒气虚者不能多食。

材料：绿豆约30克，粳米150克，鲜竹叶5克，少量的冰糖。

制作：

1. 竹叶洗净，备用。

2. 将绿豆、粳米淘洗干净，放入锅中煮粥。

3. 待沸后加入竹叶，文火熬煮。

4. 最后加入冰糖即可。

烹饪高手支招

1. 一定要文火慢熬，这样粥才会软糯、黏稠。

2. 竹叶也可换为荷叶，但是量不宜过多。

健康心语

　　绿豆可以解暑、清油腻，也可增进食欲，而竹叶清爽败火，调节血压。 这道粥是夏季不错的主食之一。

海带 绿豆汤

特点 汤味鲜浓，清新可口。

适合人群 胃寒体弱者忌食。

材料： 海带15克，绿豆20克，红糖适量。

制作：

1. 将绿豆洗净；海带提前泡发好，洗净、切丝。

2. 锅中放入水，将海带、绿豆放入锅中熬煮。

3. 等到海带、绿豆煮烂后，加入适量红糖即可。

烹饪高手支招

1. 如果是干海带需要提前用水泡发好，也可以直接购买市场里泡发过的海带。

2. 煮的过程中，绿豆皮会慢慢浮上来，建议捞出。

3. 也可以事先将绿豆煮开锅，等绿豆皮与绿豆肉分离开来了，将皮捞出，再放入海带一起熬煮。

健康心语

　　海带味鲜、性寒，具有清热化痰、软化血管、降低血压的作用。海带与绿豆一同熬粥对粉刺久治不愈和反复发作有非常好的疗效，还可清肺止咳。

南瓜 绿豆汤

特点 味道鲜美，而且能够清热解毒。

适合人群 体质虚寒的人不宜多喝。

材料：绿豆200克、南瓜150克、白糖适量。

制作：

1. 绿豆洗净；南瓜去皮、洗净，切块后备用。

2. 锅内放入开水，将洗净的绿豆大火煮沸，转成小火熬煮。

3. 煮20分钟后，放入切好的南瓜块。

4. 再次开大火熬煮，15分钟后关火即可。

烹饪高手支招

1. 南瓜不切片而切块，是因为担心会容易煮碎而影响食用和口感。

2. 南瓜本身就带有甜味，白糖可依个人口味。

3. 这道汤也可以放冰箱储存，随喝随取，冰凉解渴。

健康心语

　　常吃南瓜确实能起到帮助肥胖者减肥的功效。南瓜之所以能减肥，是因为南瓜的含糖量低、热量也非常低。

豆家族

 炒黄豆

特点 营养丰富，美味多汁。

适合人群 一般人群均可食用。

材料： 黄豆150克、雪菜250克、干红椒3个。

调料： 色拉油30毫升、酱油1汤匙，高汤适量，盐少许。

制作：

1. 黄豆洗净，用水煮熟，捞出控干水分，备用。

2. 锅中放油，油热后放入干红椒，大火爆香。

3. 然后加入黄豆翻炒，放入少许酱油，一起翻炒。

4. 再放入雪菜跟黄豆一起翻炒，并加适量白糖调味。

5. 加入少许汤、盐，一起翻炒入味，出锅即可。

烹饪高手支招

1. 如果买回的雪菜是被腌制过的，要放在水中浸泡一段时间，洗净，再控干水分。

2. 这道菜里的雪菜多少带些盐味，因此盐不宜过多，以免影响口感。

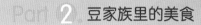

健康心语

　　雪菜炒黄豆方便省时，鲜香美味，不妨有时间就做来吃，也是一道非常容易下饭的菜。

萝卜干 炒黄豆

特点 豆香味美，喷香下饭。

适合人群 一般人群均可食用。

材料： 泡发黄豆200克，萝卜干150克。

调料： 色拉油30毫升、少量白糖。

制作：

1. 将洗好的萝卜干切成碎丁。

2. 锅中放油，油热后炝爆黄豆，2分钟后，下入萝卜干一起翻炒。

3. 添加少量清水，白糖半勺调味，最后装盘出锅即可。

烹饪高手支招

1. 泡发黄豆也要用清水充分清洗干净。

2. 萝卜干不要翻炒的时间过长，最后才倒入可以保证口感爽脆。

健康心语

这是一道喷香清爽的菜品，既开胃又下饭。

黄豆 猪蹄汤

特点 滋阴补肾，下奶靓汤。

适合人群 黄豆排骨汤其钙质含量很高，适合中老年以及缺钙人群食用。

材料： 干黄豆200克，猪蹄350克。

调料： 1汤匙盐，味精少许、姜四片。

制作：

1. 将生姜削皮、洗净，切片备用。

2. 将干黄豆放入锅里，爆炒片刻就出锅，冲洗一下备用。

3. 猪蹄放入沸水炒煮10分钟，出锅冲洗干净。

4. 锅中加入清水，放入猪蹄、黄豆，水以没过材料为限，再加入姜片、盐。

5. 大火熬煮10小时后，改用中火慢慢炖。

6. 将猪蹄、黄豆炖煮熟烂，出锅即可。

烹饪高手支招

1. 干黄豆放在锅里爆香，一是使黄豆更容易煮烂，二是使黄豆味道更容易吸放，也使黄豆更容易吸收猪蹄的肉香。

2. 此汤适合用砂锅来熬煮，时间适当延长些，口感会更佳。

健康心语

猪蹄除有大量人体必需的丰富营养外，味道还很鲜美，可以为孩子和老人提供钙质。同时黄豆和猪蹄放在一起还是非常好的下奶汤品，可以为产妇提供丰富的奶水。

 豆浆

特点 美白养颜，改善肠道功能。

适合人群 除了婴幼儿以及肠道功能不佳的人群和对豆类食物过敏的朋友，都可以饮用。

材料： 黑豆300克、2汤匙白砂糖、适量水。

制作：

1. 洗净黑豆，浸泡10个小时，水要没过黑豆2厘米为限。

2. 把黑豆放入豆浆机，舀取2勺白砂糖，加水搅拌。

3. 搅拌10分钟，新鲜的黑豆浆就算做好了。

烹饪高手支招

1. 以自家的豆浆机容量加入适量的黑豆，水不要超过豆浆机的最高水位线。

2. 豆浆机打出的熟豆浆，直接可以饮用，也可以将豆渣过滤出来，只喝豆浆。

3. 过滤出来的豆渣可以打入鸡蛋和放入些许面粉，一起搅拌，然后做成小饼子，放入锅中煎熟，也是一道不错的早点。

健康心语

　　黑豆浆不仅营养丰富，而且是美容养颜的必备法宝，如果配合全麦面包一起食用，可以称之为美味健康的营养快线了，想要减肥的朋友们可以放心吃了。

豆家族

 排骨汤

特点 滋阴补肾，味美鲜香。

适合人群 一般人群均可食用。

材料： 排骨400克，黑豆250克，菠菜2棵。

调料： 黄酒2汤匙，盐1汤匙。

制作：

1. 将菠菜洗净，备用。

2. 锅上放水，烧开后，放入排骨，焯一下。

3. 锅里不放油，干炒黑豆2分钟；加入水，再将排骨一起入锅。

4. 大火熬煮后，再加入黄酒。

5. 转小火继续熬煮。

6. 炖至排骨、黑豆熟烂，加入菠菜、盐调味即可。

烹饪高手支招

1. 排骨一定要焯水，将排骨里面的血去掉，这样排骨的肉香才能完全不受影响。

2. 这道菜的菠菜也可以依据个人口味替换别的蔬菜。

3. 排骨最好选择小肋排，熬煮汁汤要掌握好火候，以免汁汤太老味道不够。

健康心语

黑豆排骨汤对改善老年记忆力、增强体质都非常有帮助。

炖鲤鱼

特点 营养丰富，肉质鲜美。

适合人群 一般人群均可食用，尤其适合哺乳期的妇女食用，但对海产品过敏的人群要慎食。

材料：鲜活鲤鱼1条，大枣20克，黑豆100克。

调料：盐半汤匙、味精适量。

制作：

1. 将鲜鲤鱼宰杀，刮鳞去肠，洗净干净。

2. 将黑豆入锅干炒3分钟。

3. 大枣洗净，备用。

4. 锅中放入花椒、八角爆香，放入鲤鱼，煎至两面金黄。

5. 放入适量水，黑豆、大枣一起炖煮。

6. 炖至鲤鱼、黑豆熟烂，汤汁发白即可。

烹饪高手支招

　　1. 一定要将鱼肉洗净，最好加入花椒、八角等调味料去膻腥。

　　2. 大枣、黑豆最好分别用温水浸泡，以使其营养成分充分挥发。

健康心语

　　鲤鱼可以滋阴补肾，改善血液循环，最适合哺乳期的妈妈食用。黑豆炖鲤鱼对于手脚寒冷、气血不足的人群特别有效。

黑豆 枸杞粥

特点 滋阴明目，化痰止血。

适合人群 一般人均可食用。

材料： 大米250克，黑豆200克，枸杞20克，大枣5颗。

调料： 白糖适量。

制作：

1. 黑豆、枸杞、红枣洗净晾干。

2. 将黑豆、枸杞、红枣一起放入锅中，再加入足量的水，大火熬制10分钟。

3. 小火熬至黑豆烂熟，加入白糖，即可出锅。

烹饪高手支招

1. 如果不喜欢甜食，可以加入盐调味，口感也很鲜美。

2. 如果刚好赶上开菊花的季节，还可以将鲜菊花瓣放入刚煮好的黑豆粥中，口味会很惊艳哦。

健康心语

　　黑豆枸杞粥最适合经常用眼的人群长期饮用，每天喝一点，视力功能会有明显改善。黑豆枸杞粥，对气虚体弱者、经常生病的人群都有明显的改善。

土豆 豆芽汤

特点 简单易做，口感鲜美。

适合人群 一般人群均可食用。

材料： 土豆300克、黄豆芽200克、葱花少许。

调料： 色拉油30毫升、盐适量。

制作：

1. 将土豆去皮、洗净、切条；豆芽洗净，晾干。

2. 锅中放油，油热后下锅翻炒土豆。

3. 待金黄色后，放入水一起炖煮。

4. 土豆熟烂后，再下入豆芽，2分钟后，放入少许盐调味。

5. 最后撒上葱花即可。

烹饪高手支招

1. 豆芽很容易熟，时间不宜过长，这样才能保持豆芽的爽口。

2. 土豆可以炖煮时间长些，软烂即可。

健康心语

豆芽品类齐全，口感爽脆，正好匹配土豆的香软，另外土豆豆芽还有非常好的美容养颜的功效。

豆家族

菠菜 拌豆芽

特点 色泽鲜艳、菜香扑鼻、味美可口。

适合人群 一般人群均可食用。

材料： 绿豆芽300克、菠菜150克、红萝卜100克。

调料： 盐1汤匙、酱油半汤匙、醋1汤匙、香油半汤匙。

制作：

1. 洗净绿豆芽，胡萝卜洗净切丝备用，菠菜洗净切成3.3厘米长的小段。

2. 将以上的蔬菜分别投入沸水锅内焯一下，取出后沥干多余的水分。

3. 加入少许盐、酱油、醋、香油，搅拌均匀盛盘即可。

烹饪高手支招

1. 如果喜欢吃辣的，还可加点芥末使菠菜更加入味，口感更妙。

2. 还可以加点油炸的花生米一起搅拌，口感更佳。

健康心语

　　菠菜含有人体必需的各种微量元素，其中铁含量最高，而豆芽中丰富的豆芽蛋白，能够清除体内垃圾，改善血液循环。

豆家族

金银 豆腐

特点 清淡可口，鲜爽清凉。

适合人群 一般人群均可食用。

材料： 豆腐、油豆腐各150克，葱花少许。

调料： 淀粉2汤匙、酱油1汤匙、盐适量。

制作：

1. 将豆腐与油豆腐各切为6.6厘米的小块。

2. 锅中加水，待水沸后，将豆腐、油豆腐等一起放入锅中。

3. 中火煮10分钟左右。

4. 最后淀粉加水搅拌均匀，倒入锅里勾芡。

5. 最后淋上少许酱油、盐调味；撒上葱花即可。

烹饪高手支招

1. 这道菜还可以加入小油菜或者大白菜一起煮，口感很好。

2. 注意烹制金银豆腐的过程，不能用大火炖煮，以中小火为主。

健康心语

    豆腐所含的营养物质很快就能被人体利用，豆腐质嫩是最佳的素食。而炸过的油豆腐口感紧致嫩滑。豆腐还能败火清凉，口感舒爽，适合老人孩子食用。

豆家族

金黄 豆腐块

特点 简单快捷，荤素搭配、易学易做。

适合人群 一般人群均可食用。

材料： 豆腐250克、瘦肉100克、鲜香菇3朵、油菜50克。

调料： 酱油、盐、糖各适量。

制作：

1. 将瘦肉洗净，切丝；香菇用清水浸泡、洗净，切丝；豆腐切块；油菜洗净、切段。

2. 锅中放油烧热，将肉丝放入，滑开肉变色出锅，备用。

3. 锅中放油烧热，将豆腐放入，煎至两面金黄。

4. 放入适量水，香菇丝、青菜一起炖煮。

5. 5分钟后，放入酱油、盐、糖调味即可出锅。

烹饪高手支招

1. 肉丝事先炒好，是为了跟豆腐更加融合，使肉香更加散发出来。

2. 青菜、香菇丝，如果不喜欢，还可以依据个人口味适当替换别的蔬菜。

健康心语

　　此道菜非常下饭，滋味喷香。豆腐的软烂非常适合小朋友和老人食用。

豆家族

豆腐 狮子头

特点 造型优美、荤素搭配、口感鲜美。

适合人群 一般人群均可食用。

材料： 豆腐150克，香菇80克、肉末80克。

调料： 色拉油500毫升、盐1汤匙、糖2汤匙、胡椒粉半汤匙、淀粉2汤匙、鸡蛋3个、生抽半汤匙、香油半汤匙。

制作：

1. 将香菇洗净；剁成末。

2. 豆腐先用清水冲洗，沥干水分，碾碎成泥，达到有黏性、黏手的程度。

3. 加入猪肉末、香菇末一起搅拌均匀。

4. 将豆腐分为4等份，做成圆球状备用。

5. 每个豆腐肉球表面包裹上少量淀粉，大火炸至微黄变色时就要捞起，沥干油，备用。

6. 最好加入适量高汤，将豆腐狮子头依次排入锅中；焖至出汁即可。

烹饪高手支招

1. 一定要将豆腐充分碾压搅碎，这样不仅口感鲜香，而且更加入味。

2. 焖煮的时候，高汤切记要一次加够，中途不宜添加，以免影响口感。

3. 炖煮豆腐狮子头的时间宜长，这样才会更加入味。

健康心语

　　豆腐狮子头，是狮子头中"佼佼者"，因其混合豆腐的清淡、猪肉的鲜美及香菇的野味，因此豆腐狮子头营养又美味，不仅赏心悦目，而且食欲倍增。

Part3
好玩的豆家族

豆子都是圆鼓鼓的，不管是浑圆还是椭圆、扁圆，不论是红色、绿色、黑色、白色或其他，看起来都可爱至极。人们对豆子情有独钟，因此也开发出了它们许多独特的功能。

红豆先生减肥法

红豆中的营养物质极为丰富，常食红豆，能够缓解便秘，促进排尿，减轻或者消除心脏或者肾病引发的浮肿，能够瘦腰瘦腿。不过，红豆减肥可是有诀窍的，我们要认真对待。

方法一

 红豆

1. 选取大小均匀、个头饱满的红豆，洗净，用清水浸泡10个小时。

2. 将红豆连同泡红豆的水一起倒入高压锅中，大火熬煮20分钟。待高压锅的气都跑完后，豆子就已经烂熟，变成豆沙了。

方法二

 红豆、陈皮少许、盐适量

1. 选取大小均匀、个头饱满的红豆，洗净，用清水浸泡2个小时。

2. 捞出泡发的红豆，加沸水煮30分钟，然后关火。

3. 陈皮放入沸水中泡软、洗净。等到红豆关火后，将陈皮放入红豆汤中，盖上锅盖焖10分钟。

4. 出锅前依照个人的口味加入适量的盐。

> **小提示**
>
> 这个红豆汤一定要饭后食用，这样才能促进胃肠蠕动。食用两周之后，你会惊讶地发现自己的身材逐渐变得苗条起来。这是因为红豆中的蛋白质和氨基酸共同作用，帮助你新陈代谢、延缓衰老。

红豆与数字的故事

赶快把代表着满满的爱意和祝福的红豆送给她（他）吧。

红豆除了味美之外，还有着极为丰富的寓意，与神秘的数字也有着千丝万缕的联系。到底红豆和哪些数字之间有着什么样的关系，如何才能更明了红豆的深层含义呢？我们还是一起来探索红豆与数字的奇妙联系吧。

一颗红豆，代表恋人们的"一心一意"。

两颗红豆，代表着亲朋之间的"相亲相爱"。

三颗红豆，代表"我爱你"。

四颗红豆，代表着要对你的爱人立下誓言，千万不要忘记你们曾经的"山盟海誓"。

五颗红豆，代表着美好的祝愿，祝愿"五福临门"。

六颗红豆，代表着一切"顺风顺水""顺心如意"。

七颗红豆，代表着深深的爱恋，"我偷偷地爱着你"。

八颗红豆，代表着"深深的歉意"，请你原谅我。

九颗代表，代表着"永久拥有"。

十颗红豆，代表的美好寓意是"全心全意爱着你"。

十一颗红豆，代表着"我只属于你"。

五十一颗红豆，代表着"你是我的唯一"。

九十九颗红豆，代表着婚姻和爱情长久美满，"白头到老，长长久久"。

黑豆
减肥茶

黑豆含有丰富的花青素，是脂肪的天敌。花青素不仅能够充分保护肠道黏膜，更能够将大量的脂肪从体内排出，使得毒素不容易积聚在体内。因为黑豆的营养成分不容易被吸收，所以，用黑豆泡茶也是不错的选择。

黑豆减肥茶

1. 选取20粒大小均匀的黑豆，洗净晾干。
2. 将黑豆倒入锅中小火干炒，待到黑豆的表皮爆裂，盛起黑豆，倒入茶杯中。
3. 杯中斟入沸水，盖上盖子，焖上15分钟即可。

知识链接

    干炒过的黑豆比较香，能够冲入三道水。喝过三次之后，也可以将杯中的黑豆捞起来，再行烹制。

豆腐先生也过节

说起"泼水节"，应该是无人不知，无人不晓了，不过，你听过"扔豆腐"的节日吗？这是真的，不是杜撰出来的，我们还是一起去看看豆腐节的始末吧。

传统"豆腐节"

广东省清远佛冈县的一个小村寨里有一种奇特的风俗，每年正月十三，人们都会举办"豆腐节"。到了这一年，村子里的男女老少全都会围绕着小小的豆腐块，展开欢乐的战斗。

"豆腐节"是这个村子古时候延续下来的传统节日，意为在过去的一年里，哪一家添了男丁，到正月十三这一天，家人都会到这家的祠堂里，去过盛大的豆腐节。他们同时也会提供许多，让村民们随便扔掷，表示庆贺。因为"腐"同"福"谐音，所以大家都认为，谁身上被扔的豆腐越多，该人在新一年里就越有福气。

黄豆先生 这一生

黄豆的生长阶段有完全不同的过程，从种子的萌芽到果实的成熟，都有着完全不同的要求。

种子发芽与出苗期

将精心挑选的种子种植在富含营养的土壤内，浇水施肥。下种后六七天，芽苗从土里钻出来。这时期需要用心呵护。

幼苗期

从芽苗钻出来到花芽出现这段期间都称为幼苗期。芽苗钻出土壤，继续生长，顶端两片对生的单叶逐渐展开，这被称为单叶期。芽苗继续生长，第一片复叶长出的时候被称为三叶期。三叶期的芽苗底下根系生长较快，形成硕大的瘤，地上部分则生长缓慢。这个时候根系需要格外注意看管。幼苗期持续时间为30天左右，占去黄豆生育期的1/4，这个时期主要是根部的生长，要注意及时蹲苗，多补充水分，注意施肥，并且要注意防治病虫害。

花芽分化期

从花芽出现到花芽的分化期，这就是人们常说的分枝期。这是一个阶段性的过程，当出现6对以上对称的复叶时，主茎下端便开始分化，同时有芽抽出。这个过程中一定要保证充足的阳光照射。

花芽分化一般有以下几个阶段：起先半球状花序出现，接着花序前端形成筒状叶片；叶片分化出不同的花瓣；随之环状的雄蕊外形发生变化，有新鲜的胚珠从雄蕊内部长出来；之后胚珠、花药便开始分化；随着花朵的逐渐生长，最后花蕾、花粉和胚囊也逐渐形成，整个生长分化的过程也就完成了。

花芽分化这个时期，是黄豆生长的关键期，必须要注意日照、水分和营养。要调节光照，及时灌溉疏通，及时施肥、协调生长。

开花结荚期

从开出第一朵花到最后一朵花，这个生长过程被称为开花期，从第一个幼小的豆荚冒出头到慢慢长大成熟，这个阶段被称为结荚期。大豆的开花与结荚是同时进行的，所以这两个时期也被人称之为开花结荚期。大豆开的花较小，一般在茎的顶端或者中部，每一个品种开多少朵花都是有一定规律的，不过根据栽培方式的不同，也会有不同的外貌特征呈现出来。一般开出的花朵都会结荚，产量较高。

大豆的花朵张开一般是在上午7~10时，从第一个花苞出现到花朵完全绽放，一般要4~8天的时间。胚珠受精后，子房会逐渐膨大，变成纤细柔弱的绿色幼荚，幼荚慢慢生长，一直长到3.3厘米长，这个过程就被称之为结荚。豆荚的生长是长度变长，之后加宽，最后这荚才会由薄变厚。

开花结荚这个阶段是大豆生命力最旺盛的阶段，需要充足的养分、水分和光照。如果前期幼苗阶段一切进展良好，那开花结荚期需要定量、适度浇水，勤施肥，保持足够光照，保持通风，这样才能达到多开花多结荚的状态。

鼓粒期

豆荚内部的豆粒有开始膨大的迹象到豆荚的体积和重量都长到极限，这个阶段通常就被称为鼓粒期。开花后10天的时间，种子内部的物质开始逐渐积累，之后7天内这些物质迅速生长，到这之后的25天内，大部分的物质成分积累完成。鼓粒期一般为30~40天的时间，鼓粒完成时种子大约有90%的水分。这个时期是大豆种子形成的关键期，这个阶段是否一切正常会决定每个豆荚结实的含量，以及果实的营养含量。如果这个时期干旱或者过涝，都可能使得豆荚直接死亡，从而严重影响豆子的成活率以及产量。

除此之外，这一阶段倒没有多少特别的要求，只有两点：第一，植物种子本身健康完整，根系健全，叶片生长正常；第二，保证有充足适量的水分供给种子。

成熟期

当叶片逐渐泛黄脱落，豆粒逐渐脱水，种子基本不含多少水分，摇动豆荚的时候，能够听到轻微的声响，这个时候就证明豆子成熟了。这时应该降低土壤的水分，使种子迅速干燥，以便及时采收。这个阶段应尽量少施肥，以免果实持续生长、过于晚熟，影响收获。

豆家族

黄豆发芽在阳台

在阳台上发豆芽，这是许多人梦寐以求的事情，不用担心市面上的豆芽是用尿素催肥的，不用担心各种添加剂。阳台上发豆芽虽然很简单，但是有一点一定要注意，那就是温度需要在8～18℃。发豆芽的最佳时间是春秋两季，从准备豆子到采收豆芽需要6～8天的时间。想要吃上放心美味的豆芽，还是跟着我们一起学习吧。

生产工具：

成熟、饱满的黄豆，一个带气孔的小塑料筐，一块白毛巾和一块纱布，一只大碗，若干个黑色塑料袋。

生产过程：

1. 选豆子：挑选颗粒饱满、较为成熟的豆子，最好不要陈年的豆子，有虫眼的豆子一定要剔除。

2. 浸泡：将挑选好的黄豆放进大碗里，加水浸泡24小时以上。

3. 将泡发好的黄豆捞出来，轻轻洗净表皮的黏液，碗中的水倒掉。

4. 把准备好的小塑料筐放在大碗上，以大碗里的水不能泡到黄豆为限。

5. 小筐底部要铺上几层透气性好的纱布，将泡发好的黄豆均匀铺在纱布上面，铺一层最好，尽量不要重叠过多。

6. 在黄豆上面盖上一条干净的毛巾，淋湿毛巾表面。

7. 用一个较厚的黑色塑料袋将小筐套上。

8. 每天上午分两次掀开塑料袋，用喷壶喷洒毛巾表面。每天天黑后冲水一次，清洁豆子和筐。冲水之后一定要将大碗里的水倒掉，以免水变质，引起豆芽根部腐烂。

9. 大概两天之后，豆芽就会长出来了。约6天之后，黄豆芽就可以采收了。

知识链接

不论是发黄豆芽还是绿豆芽，抑或是其他豆芽，有一个必需的要素，那就是要保证没有光照。因为豆芽对光线的要求极高，如果有光透进去，豆芽就容易泛绿，纤维化出现，吃的时候会影响口感。

绿豆发芽在阳台

发绿豆芽方法很多，除了依照上面我们所讲的发黄豆芽的工序来进行，还可以用黄沙发绿豆芽。这种做法有很多好处，一是能够减少灌溉的次数，二是豆芽根部不容易霉变腐烂，三是采收方便。

生产工具：

成熟的绿豆，带气孔的小塑料筐，黑色纱布，洗净的黄沙，一只大碗。

生产过程：

1. 挑选：挑选颗粒饱满、较为成熟的豆子，最好不要陈年的豆子，有虫眼的豆子一定要剔除。

2. 浸泡：将挑选好的绿豆放进大碗里，加水浸泡24小时以上。

3. 将鼓胀的绿豆捞出来，用清水淘洗掉表面的黏液，沥干水，再用干净湿润的纱布包裹起来，放在22~25℃的温度下催芽，每天反复灌溉3~4次。

4. 等到3天后绿豆泛白，这就可以开始播种了。准备一个黑色的布袋，最好是稀疏富有弹性的那种，将绿豆装进去。

5. 扎紧袋口，注意留出足够的空间，以便豆芽在里面更好生长。

6. 在塑料小筐里套上一个深色塑料袋，多多扎孔。之后铺上约3厘米厚的温润潮湿的沙子，将装有绿豆的黑色布袋放在沙子上。

7. 布袋上再铺上约5厘米厚的潮湿沙子，再将这个塑料筐放到阴凉通风的地方。

8. 根据沙子的干湿情况，1天喷水1~2次即可。

9. 观察上部的沙子情况，发现沙子表面有明显裂缝的时候，就要准备采收了。

10. 取出布袋，洗干净外面包裹的所有沙子，将伸出布袋外的底部根须剪掉。布袋中留下来的，就是发好的绿豆芽了。